U0207451

动物吉尼斯纪录

世界上速度最快的动物

19种速度超快的动物完全图解！

STEVE JENKINS

［美］史蒂夫·詹金斯／著绘

易映景／译

河南美术出版社

·郑州·

图书在版编目（CIP）数据

世界上速度最快的动物 / (美) 史蒂夫・詹金斯著绘 ; 易映景译. — 郑州 : 河南美术出版社, 2022.2

ISBN 978-7-5401-5603-9

Ⅰ. ①世… Ⅱ. ①史… ②易… Ⅲ. ①动物 - 儿童读物 Ⅳ. ①Q95-49

中国版本图书馆CIP数据核字(2021)第189448号

世界上速度最快的动物

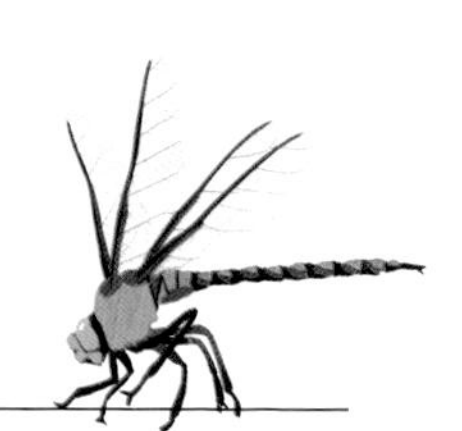

［美］史蒂夫・詹金斯 / 著绘
易映景 / 译

出版人　李　勇
策　　划　读客文化
责任编辑　孟繁益　　杨　骁
特邀编辑　尹　琳　　蔡若兰
责任校对　杜笑谈
装帧设计　徐　瑾
执行设计　贾旻雯
出版发行　河南美术出版社
地　　址　郑州市郑东新区祥盛街 27 号
印　　刷　天津联城印刷有限公司
开　　本　889mm × 1194mm　1/32
印　　张　1.5
字　　数　30 千字
版　　次　2022 年 2 月第 1 版
印　　次　2022 年 2 月第 1 次印刷
书　　号　978-7-5401-5603-9
定　　价　39.90 元

目录

更快！更快！更快！

为了逃离危险，或者为了追逐猎物。

来一起认识这些速度飞快的动物吧！

动起来

掠食动物是一类以其他动物为食的动物。有的掠食动物非常狡猾，它们等猎物靠近后便猛扑过去，还有的会设置陷阱或使用致命的毒液。其实也有许多掠食动物依靠速度获得食物，它们比猎物速度快。许多动物为了不成为其他动物的美餐，想出了保护自己的办法：有的擅长躲藏，有的身体有毒，有的用盔甲或刺保护自己。本书将会介绍一些地球上速度最快的动物。

有的动物依靠自己的速度捕捉并吃掉其他动物。

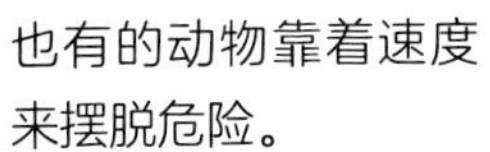

也有的动物靠着速度来摆脱危险。

住在哪儿

非洲中部和南部

吃什么

羚羊、小型动物

跑步冠军

许多生活在非洲平原上的食草动物都跑得很快，但是猎豹更胜一筹，它可以跑得比其他任何动物都快。它靠着自己的速度追赶、捕捉瞪羚和其他羚羊。

猎豹追赶猎物时需要迅速改变方向。它的尾巴很重，能帮助它保持平衡。

* kph = 千米 / 小时

猎豹快速奔跑需要消耗大量能量，
因而它只能维持最高速度几分钟。

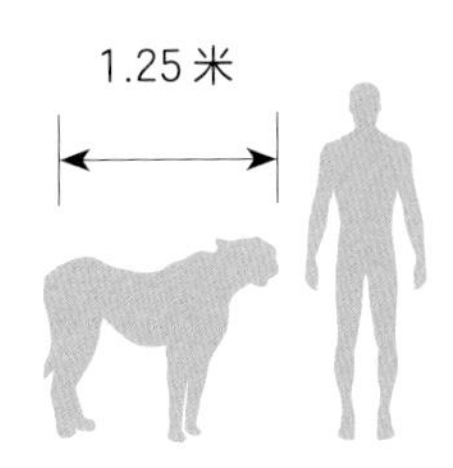

高速奔跑时，猎豹每步可达 7 米。

约 9 米
跑得快的人
在 1 秒内跑出的距离

约 30 米
猎豹在 1 秒内跑出的距离

住在哪儿

非洲中部和南部

吃什么

水果、种子、树叶，昆虫、青蛙、蜥蜴以及其他小动物

谁还需要飞？

鸵鸟是世界上最大的鸟。它不会飞，但能跑得和赛马一样快。鸵鸟遇到危险时会设法逃跑，如果逃不掉，它会踢向攻击者以求自保，力度足以杀死一头狮子。

鸡蛋和鸵鸟蛋的大小比较。鸵鸟的蛋比其他动物的都大。

最高速度
70 kph

高速小虫

澳大利亚虎甲是世界上速度最快的甲虫之一，也是致命的掠食动物。它能快速扑向猎物并用尖锐的颚将其撕成碎片。

住在哪儿

澳大利亚

吃什么

昆虫、蜘蛛等

澳大利亚虎甲在1秒内移动的距离可达到它身体长度的125倍。

2厘米

最高速度
9 kph

快速逃脱

草兔的腿长而有力，能帮助它躲避危险。它跑起来要比狐狸及其他大多数掠食动物快。草兔和家兔是亲戚，但通常它比家兔个头儿更大且腿更长。

草兔毛发的颜色多是棕色或灰色，肚子上的毛是白色的。

最高速度
72 kph

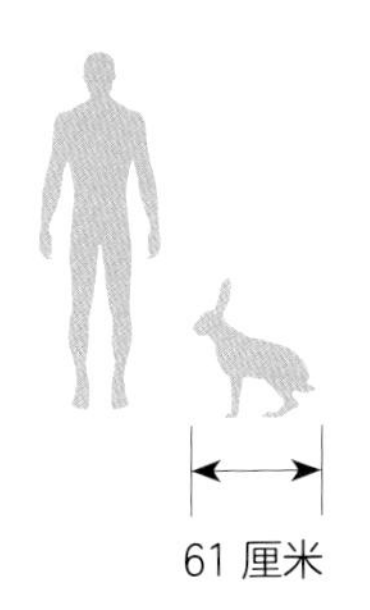

住在哪儿

欧洲和西亚

吃什么

草、谷物、种子、
树枝、树皮等

敏捷的双腿

走鹃能飞行，但它更愿意跑。它奔跑的速度是飞鸟中最快的。走鹃靠着速度躲避危险，捕捉猎物。

极少数不能飞行的鸟（例如鸵鸟）能跑得比走鹃快。

住在哪儿

美国西南部、墨西哥北部

吃什么

蜥蜴、蛇、啮齿动物，及一些昆虫

走鹃只能短距离飞行。

水上漂

绿色的蛇怪蜥蜴生活在雨林的树上，并且靠近溪流或池塘。如果遇到危险，它会从树枝上跳下来，到水面上奔跑。它可以跑 4.5 米左右才开始下沉。蛇怪蜥蜴也是游泳健将，总能游到安全的地方。

* 在水面上奔跑的最高速度

蛇怪蜥蜴的长脚趾和敏捷的腿使得它能够在水面上奔跑。

住在哪儿

中美洲、南美洲

吃什么

植物、昆虫及其他小动物

蛇怪蜥蜴还有个绰号叫作“耶稣蜥蜴”。

飞快的鱼

旗鱼的游泳速度比海洋中的任何生物都要快。捕猎时，它会冲入鱼群中，用长长的吻刺穿或击昏其他鱼。有时旗鱼会合作狩猎，把鱼驱赶成一团，然后攻击它们。

最高速度
110 kph

住在哪儿

全球温暖的海域

吃什么

鱼、乌贼等

旗鱼抬起背部的鱼鳍，让自己的体形看上去更大，以此吓唬敌人。

旗鱼会改变身体颜色来迷惑猎物，或向其他旗鱼发出信号。

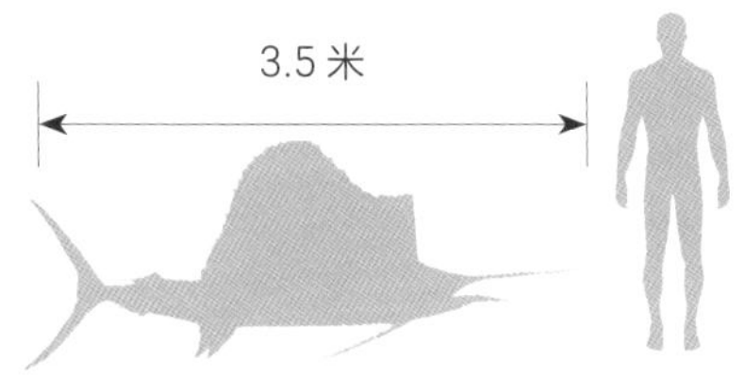

十臂魔鬼

洪堡乌贼是其栖息地中的顶级掠食动物。它速度快，视力好，触手强壮。洪堡乌贼可以“飞行”，它能将自己推出水面，并在空中滑行。它是世界上最聪明且速度最快的无脊椎动物之一。

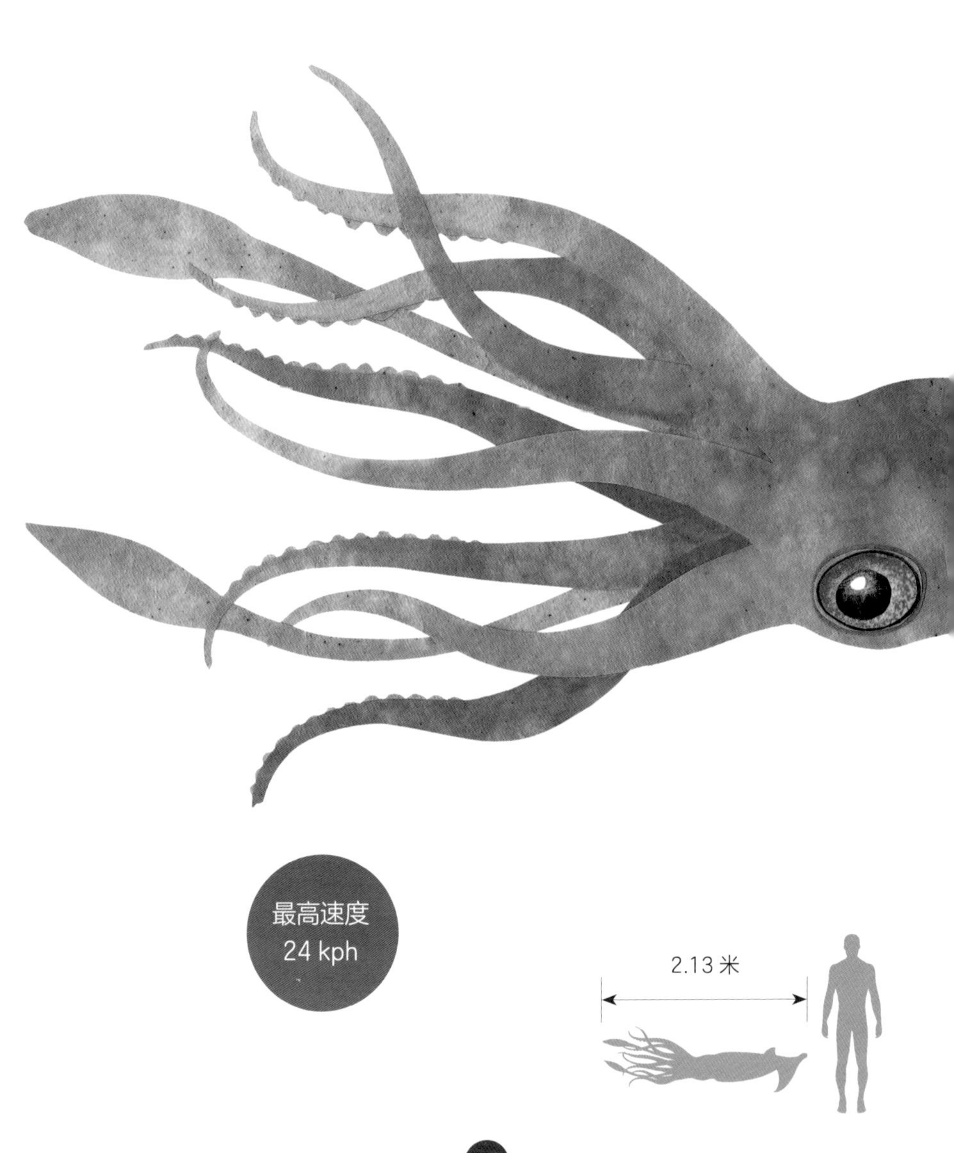

洪堡乌贼成群或成组行动，一般会有 1000 多只一起活动。

住在哪儿

东太平洋

吃什么

鱼、乌贼、磷虾等

墨西哥渔民给洪堡乌贼起了个绰号叫作“红色魔鬼”。

洪堡乌贼是一种发光生物——它不但可以发光，还能通过变换自己的颜色同其他乌贼交流。

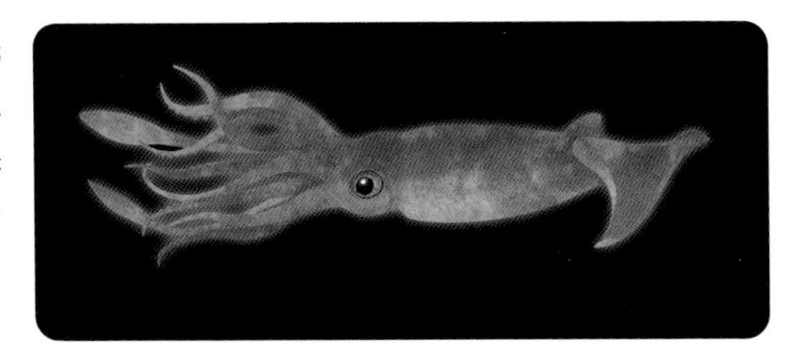

天空是我家

白喉针尾雨燕生命中的大部分时间都在空中度过。它甚至在飞行中饮食、睡觉。

白喉针尾雨燕是快速而优雅的飞行能手，也是世界上速度最快的动物之一。它还是水平飞行速度最快的鸟之一。

最高速度 *
111 kph

* 水平飞行时的速度

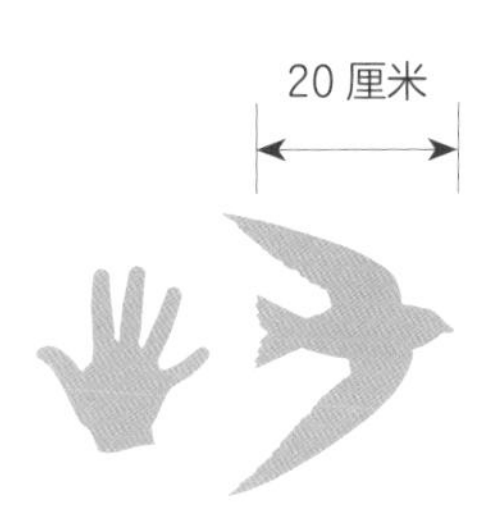

住在哪儿

中国、日本、澳大利亚东部

吃什么

昆虫

腾空

许多鱼都通过快速游动来逃避危险。飞鱼也可以游得很快，但它有更好的逃生妙招。飞鱼会以极高的速度游动并将自己推出水面，然后展开像翅膀一样的鱼鳍在空中滑行，将大多数掠食动物抛在后面。

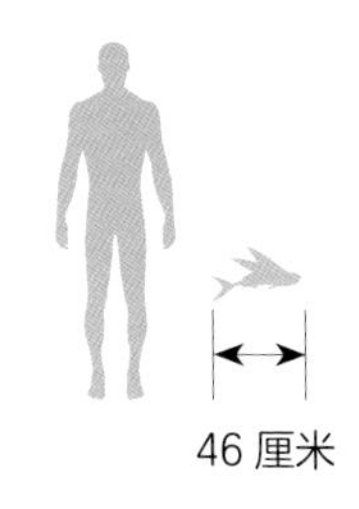

最高速度
70 kph

飞鱼可以在水面上滑行超过 198 米。

住在哪儿

全球热带和亚热带海域

吃什么

浮游生物、小型海洋动物

速度冠军

游隼是地球上俯冲速度最快的动物。它通过飞速俯冲，在空中撞击鸟或蝙蝠，将它们击昏或杀死，并在猎物下坠时将它们一把抓住，带到巢中。

最高速度
322 kph

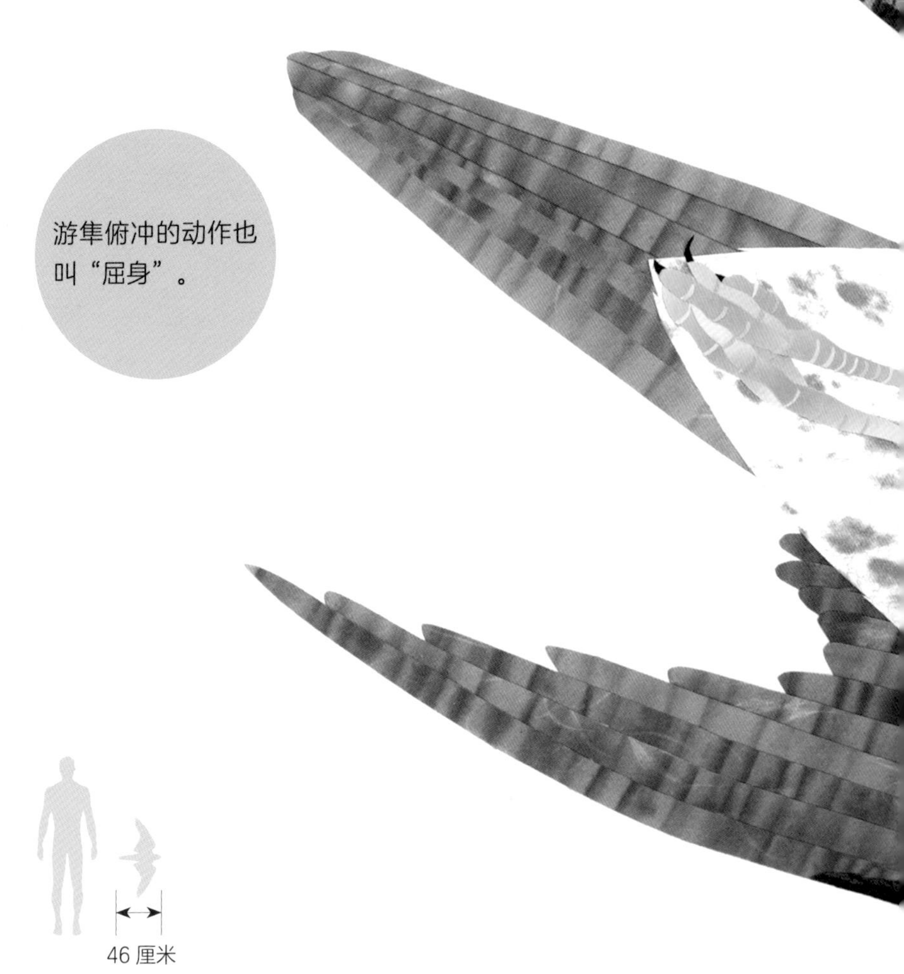

游隼俯冲的动作也叫“屈身”。

46 厘米

住在哪儿

除南极大陆外的所有大陆

吃什么

其他鸟、蝙蝠

幼年的游隼会一起练习狩猎。一只假装是猎物，而另一只发起攻击，但在练习时它们会很小心，注意不让对方受伤。

小飞龙

绿蜻蜓是世界上速度最快的昆虫之一。它也是一个凶猛的猎手。它能在半空中捕食蝴蝶、飞蛾和其他蜻蜓。

蜻蜓可以悬停在空中不移动位置，也能向前或向后飞行。

住在哪儿

加拿大南部、美国、日本、中国

吃什么

飞虫

速度最快的飞行员

蝙蝠非常敏捷，在这类会飞的哺乳动物中，最快的是墨西哥无尾蝙蝠。虽然游隼俯冲速度更快，但是水平飞行时，这种蝙蝠比任何鸟类都快。

住在哪儿

北美和南美

吃什么

飞蛾及其他飞虫

这种蝙蝠每晚消耗的昆虫重量与自己的体重相当。

最高速度
160 kph

得克萨斯州有大量的墨西哥无尾蝙蝠聚集，数量超过 2000 万只。它们会在傍晚离开洞穴搜寻昆虫。

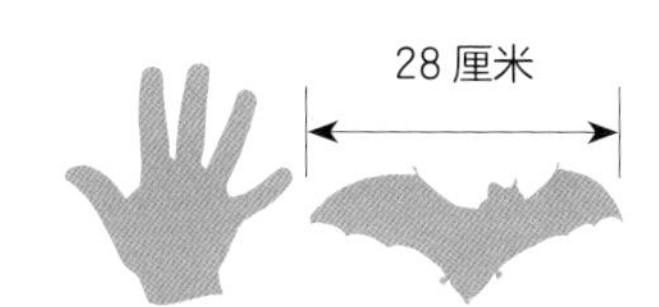

致命滑行

黑曼巴蛇是非洲最长的毒蛇，也是世界上爬行速度最快的蛇。它爬行的速度可以像大多数人跑步一样快，实在是可怕。黑曼巴蛇通常会避开人类，但当它感受到威胁时，会变得很危险。

被黑曼巴蛇咬伤的人最快可在 30 分钟内死亡。

最高速度
19 kph

黑曼巴蛇的皮肤实际上是棕色的。它名字里的“黑”其实是它嘴巴的颜色。黑曼巴蛇感觉到危险时会张开嘴巴。

住在哪儿

非洲中部和南部

吃什么

鸟、蝙蝠及其他小型哺乳动物

跳跃行家

红袋鼠是最大的袋鼠，也是世界上最大的有袋类哺乳动物。袋鼠行动的方式可不寻常，它靠着前腿和尾巴保持平衡，靠后腿前进。袋鼠的后腿十分有力，能迅速远跳。

红袋鼠可以一下跳 9 米远。

住在哪儿

澳大利亚

吃什么

草、灌木等

最高速度
64 kph

袋鼠是唯一靠跳跃行动的大型动物。

9 米

将人作为参照物，袋鼠的跳跃距离

掘地兽

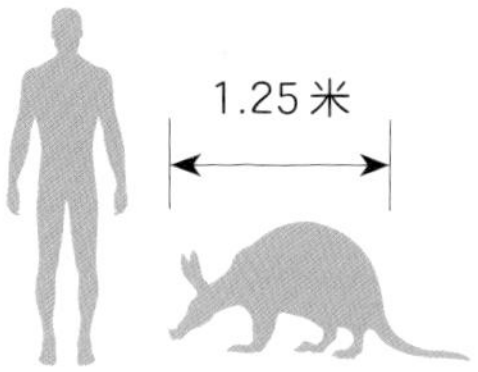

1.25 米

土豚的名字意为“土猪”。土豚的腿力气很大，爪子很锋利，可以算是世界上最快的挖掘能手。它还会用爪子撕开蚂蚁和白蚁的巢，用长而黏的舌头舔食这些昆虫。

土豚一晚上可以吃掉约 50 000 只蚂蚁或白蚁。

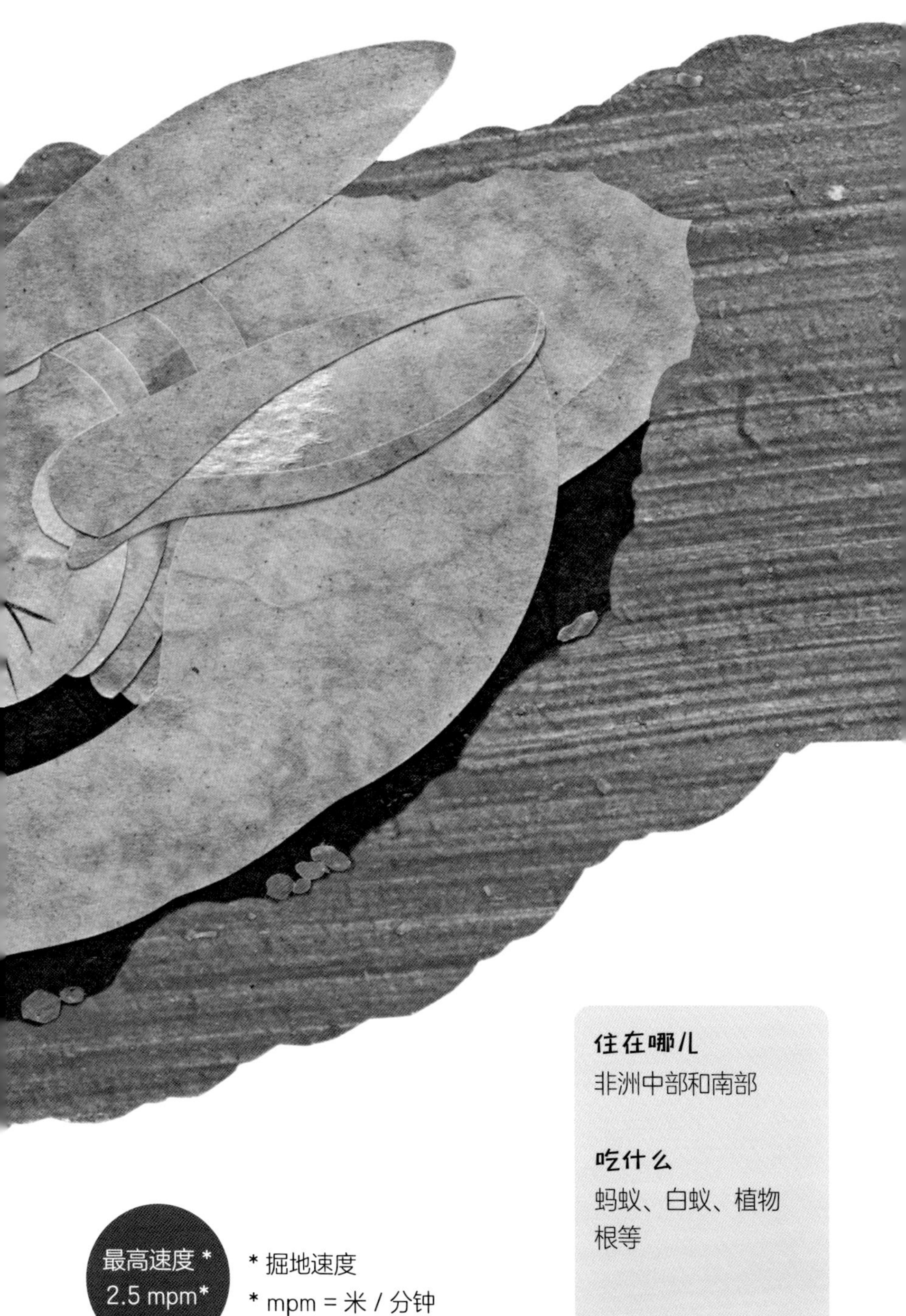

住在哪儿

非洲中部和南部

吃什么

蚂蚁、白蚁、植物根等

最高速度 *
2.5 mpm*

* 掘地速度
* mpm = 米 / 分钟

林间摇摆

长臂猿能在森林里穿梭，从一根树枝摆动到另一根树枝。它在树枝之间摆动的速度令人惊叹。长臂猿同其他猿类一样，手臂长且没有尾巴。它的腕关节很特别，能帮助它更好地抓住树枝。

住在哪儿

东南亚

吃什么

树叶、种子、花卉、昆虫、鸟蛋、小鸟等

长臂猿从一根树枝跳跃到另一根树枝时，最远可以跳 15 米。

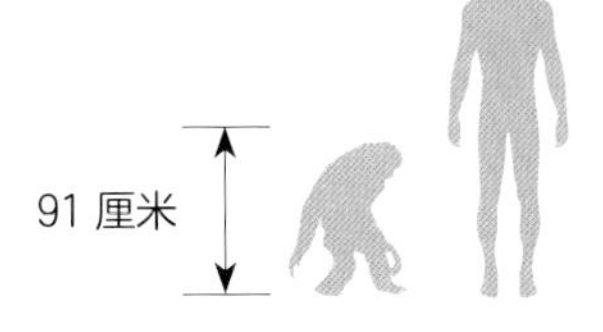

最高速度 *
56 kph

* 在树枝间摆动的速度

长臂猿在地面时经常用两条腿走路。

一击制胜

虾蛄通过棍子般的前肢击打猎物，把猎物打昏或杀死。它的攻击速度在动物界中名列前茅，比人眨眼的速度快 400 倍。

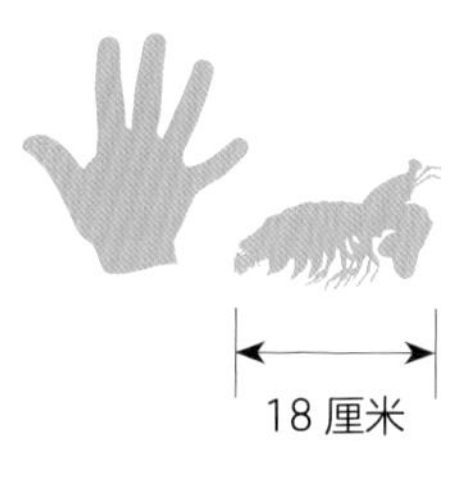

虾蛄的前臂可以砸碎蛤蜊壳，甚至能砸碎水族馆的玻璃。

0.0008 秒 *

* 一次攻击所用时间

住在哪儿

东非、东南亚和澳大利亚的沿海水域

吃什么

蛤蜊、虾、鱼、蠕虫等

猛地咬紧

巴拿马白蚁肯定是动物中咬合速度世界纪录的保持者。一般它的上下颌总是紧紧地靠在一起，如果遇到危险会立即扣住。这个动作非常快，会产生冲击波，打晕或杀死攻击者。

* 一次咬合所用时间

预备姿势（上图）和上下颌扣紧后（左图）的样子。巴拿马白蚁的上下颌咬合速度比人眨眼的速度快 12 000 倍。

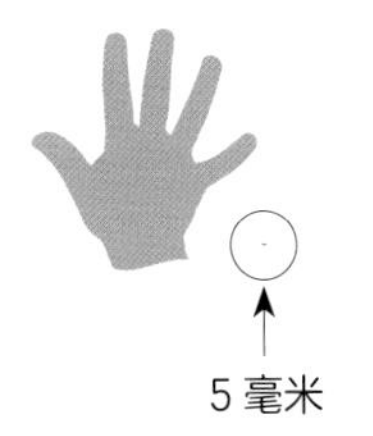

5 毫米

住在哪儿

全球温带和热带地区

吃什么

树木、枯萎植物等

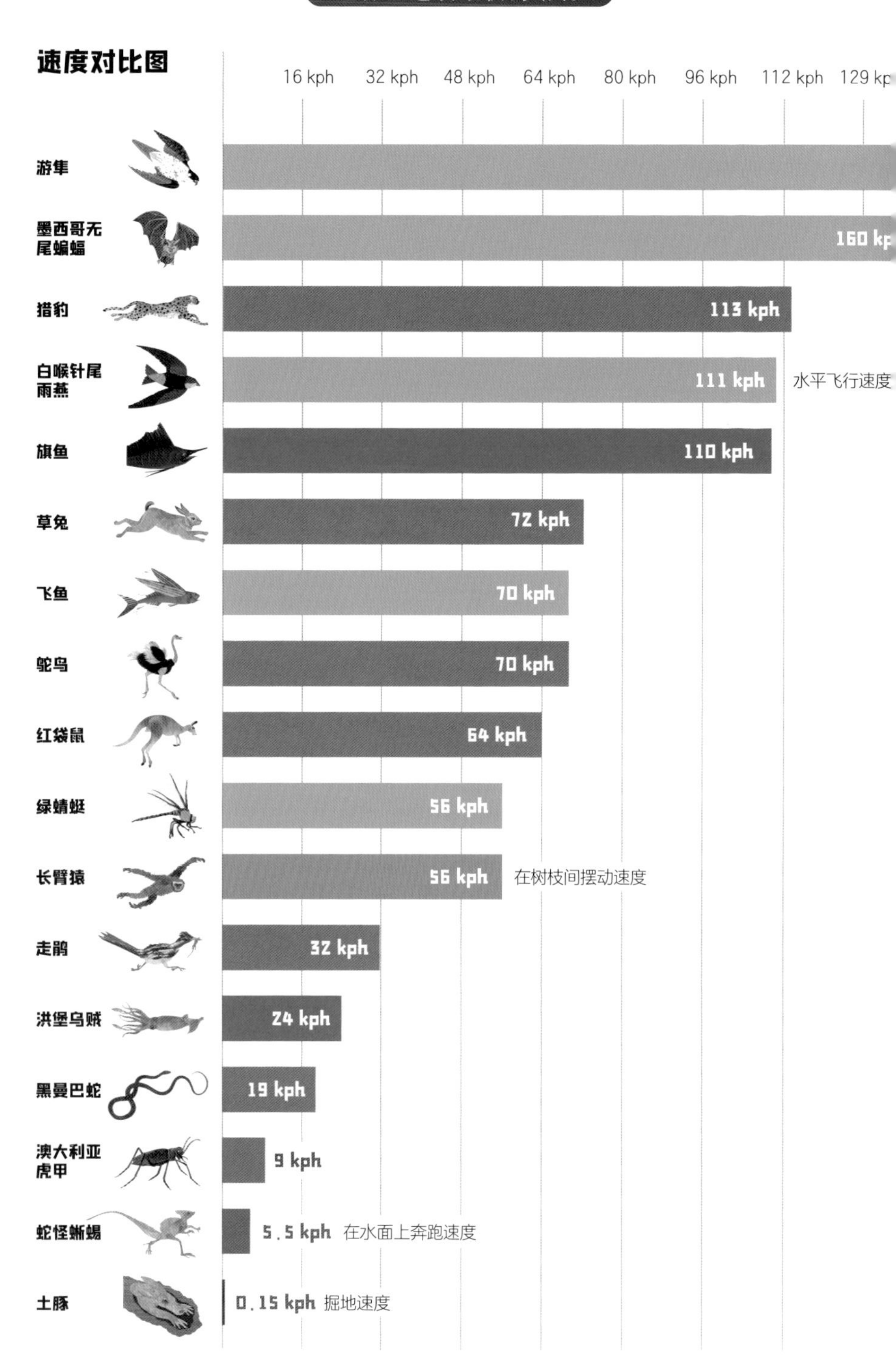
速度对比图
16 kph
32 kph
48 kph
64 kph
80 kph
96 kph
112 kph
129 kp
游隼
墨西哥无尾蝙蝠
160 kp
猎豹
113 kph
白喉针尾雨燕
111 kph
水平飞行速度
旗鱼
110 kph
草兔
72 kph
飞鱼
70 kph
鸵鸟
70 kph
红袋鼠
64 kph
绿蜻蜓
56 kph
长臂猿
56 kph
在树枝间摆动速度
走鹃
32 kph
洪堡乌贼
24 kph
黑曼巴蛇
19 kph
澳大利亚虎甲
9 kph
蛇怪蜥蜴
5.5 kph
在水面上奔跑速度
土豚
0.15 kph
掘地速度

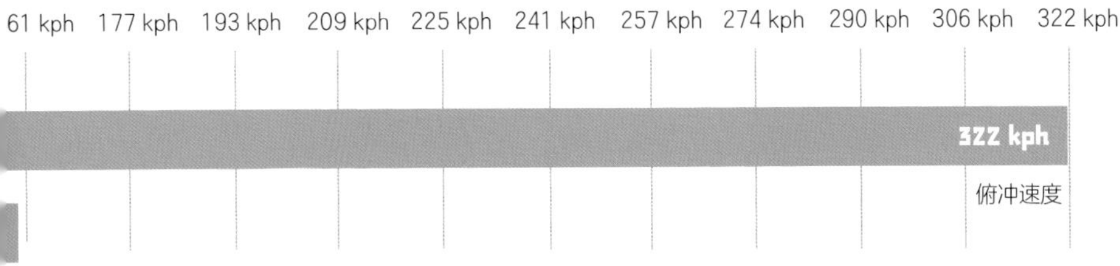

61 kph	177 kph	193 kph	209 kph	225 kph	241 kph	257 kph	274 kph	290 kph	306 kph	322 kph

322 kph

俯冲速度

澳大利亚虎甲是同体型中跑得最快的动物之一。如果虎甲有人类的体型，那么它的速度可以达到966 千米 / 小时。

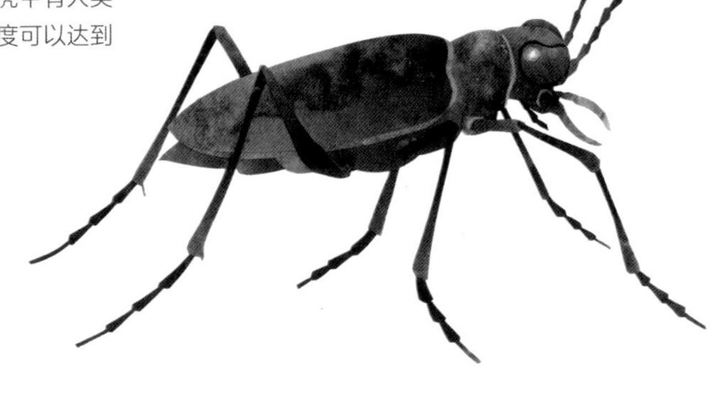

动物世界的快速动作

虾蛄

虾蛄的前肢出击速度是人类眨眼速度的 400 倍。

巴拿马白蚁

巴拿马白蚁的快速咬合通常用于击退攻击者，保护巢穴，其速度比人眨眼的速度快12 000 倍。

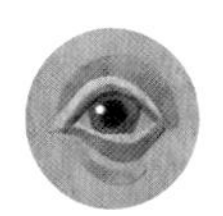
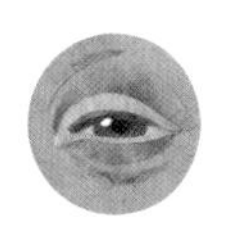

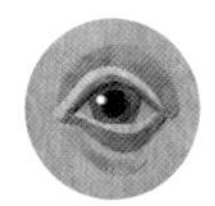

一般人类眨眼一次的时间约为 0.3 秒。

词汇表

猎物
被掠食动物捕获并吃掉的动物。

掠食动物
杀死并食用其他动物的动物。

瞪羚
一种善于跳跃和奔跑的羚羊。

食草动物
把植物作为食物的动物。

赛马
特别培育用于比赛的马。最快的赛马在402 米的赛马场上平均速度超过 69 千米 / 小时。

雨林
每年平均降雨量超过 2 米的茂密森林。

吻
旗鱼上颌尖长的骨质利剑。

触手
低等动物身体前端细长且灵活的突起结构。可用于移动、抓取物体或者用毒刺蜇人。

栖息地
野生动物的居住区域。例如：草原、雨林、沼泽或沙漠等。

无脊椎动物
背侧没有脊椎的动物。

发光生物
可以自己发光的动物、植物或细菌。

有袋类哺乳动物
在育儿袋里哺育幼儿的哺乳动物。

冲击波
空气或水的压强突然变化。冲击或爆炸可能会引发冲击波。